图说

电网企业人身风险典型违章

国网江西省电力有限公司安全监察部　编

中国电力出版社
CHINA ELECTRIC POWER PRESS

图书在版编目（CIP）数据

图说电网企业人身风险典型违章 / 国网江西省电力有限公司安全监察部编 . — 北京：中国电力出版社，2022.8

ISBN 978-7-5198-6995-3

Ⅰ . ①图… Ⅱ . ①国… Ⅲ . ①电力工业 – 工业企业 – 违章作业 – 图解 Ⅳ . ① TM08-64

中国版本图书馆 CIP 数据核字 (2022) 第 144287 号

出版发行：中国电力出版社
地　　址：北京市东城区北京站西街 19 号（邮政编码 100005）
网　　址：http://www.cepp.sgcc.com.cn
责任编辑：王冠一　周天琦
责任校对：黄　蓓　郝军燕
装帧设计：北京永诚天地艺术设计有限公司
责任印制：钱兴根

印　　刷：北京华联印刷有限公司
版　　次：2022 年 8 月第一版
印　　次：2022 年 8 月北京第一次印刷
开　　本：787 毫米 ×1092 毫米　24 开本
印　　张：4
字　　数：63 千字
定　　价：35.00 元

编委会

主任　陈德鹏　皮海斌

委员　朱　莎　谌洪江　王江武　张　懿
　　　　　彭　勇　吴金文　周春芽　万　千
　　　　　李　瑞　李　文

前　言

　　电力行业关乎国民经济振兴和社会稳定发展，电网企业安全生产是保证电力安全的前提和基础，实现电力安全生产工作要求，最根本的是紧盯安全目标、牢牢守住"生命线"。建设具有中国特色国际领先的能源互联网，确保安全生产工作平稳有序，强化安全风险管控，需要我们坚持以人为本，强化本质安全，教会员工辨识违章、主动防范各类违章引发的人身风险。

　　本书在国家电网有限公司下发的有关反违章的相关文件的基础上，对照Ⅰ、Ⅱ、Ⅲ类严重违章，将其中易对人身造成伤害的条款挑选出来，结合电力安全生产实际深刻理解，通过漫画对生产现场典型违章进行生动再现，突出违章带来的危害。在编绘过程中，本书重点遵循并努力使其具有写实性和准确性，真实再现了电力生产场景，保证了漫画的真实性和严谨性。与此同时，在不违背现场基本要求的情况下，本书漫画对人物情节适当的夸张，增加了漫画的生动性。本书可供各级电力安全生产人员培训使用，有利于一线作业人员和各级管理人员进一步深化对严重违章的理解，超前预控安全风险，不断夯实安全生产基础。

　　在本书编绘过程中，感谢国网新余供电公司给予的大力支持。

　　由于编者水平有限，难免存在缺陷和不足，诚恳欢迎广大读者批评、指正。

编　者

2022 年 6 月

目 录

Ⅰ类
人身风险
典型违章

Ⅰ类人身风险违章，即"违章红线"，主要包括安全风险极高，违反《安全生产法》《刑法》、国家电网公司"十不干"等要求的管理和行为违章。

14条

1 无日计划作业或实际作业内容与日计划不符。

2 存在重大事故隐患而不排除，冒险组织作业；存在重大事故隐患被要求停止施工、停止使用有关设备、设施、场所或立即采取排除危险的整改措施，而未执行的。

3 建设单位将工程发包给个人或不具有相应资质的单位。

4 使用达到报废标准的或超出检验期的安全工器具。

5 工作负责人（作业负责人、专责监护人）不在现场，或劳务分包人员担任工作负责人（作业负责人）。

6 未经工作许可（包括在客户侧工作时，未获客户许可），即开始工作。

7 无票（包括作业票、工作票及分票、操作票、动火票等）工作、无令操作。

8 作业人员不清楚工作任务、危险点。

9 超出作业范围未经审批。

10 作业点未在接地保护范围，登杆塔前不核对线路名称、杆塔号。

11 漏挂接地线或漏合接地刀闸。

12 组立杆塔、撤杆、撤线或紧线前未按规定采取防倒杆塔措施；架线施工前，未紧固地脚螺栓。

13 高处作业、攀登或转移作业位置时失去保护。

14 有限空间作业未执行"先通风、再检测、后作业"要求；未正确设置监护人；未配置或不正确使用安全防护装备、应急救援装备。

Ⅱ类
人身风险
典型违章

Ⅱ类人身风险违章，主要包括安全风险较高，国家电网公司系统近年安全事故（事件）暴露出的管理和行为违章。

30 条

15 在运行设备区工作或从事危险性较大的工作时，无人监护，单人作业。

16 未及时传达学习国家、公司安全工作部署，未及时开展公司系统安全事故（事件）通报学习、安全日活动等。

17 对安全生产巡查通报的问题未组织整改或整改不到位。

18 针对公司通报的安全事故事件、要求开展的隐患排查，未举一反三组织排查；未建立隐患排查标准、分层分级组织排查的。

19 承包单位将其承包的全部工程转给其他单位或个人施工；承包单位将其承包的全部工程肢解以后，以分包的名义分别转给其他单位或个人施工。

20　施工总承包单位或专业承包单位未派驻项目负责人、技术负责人、质量管理负责人、安全管理负责人等主要管理人员；合同约定由承包单位负责采购的主要建筑材料、构配件及工程设备或租赁的施工机械设备，由其他单位或个人采购、租赁。

21 没有资质的单位或个人借用其他施工单位的资质承揽工程，有资质的施工单位相互借用资质承揽工程。

22　拉线、地锚、索道投入使用前未计算校核受力情况。

23 拉线、地锚、索道投入使用前未开展验收；组塔架线前未对地脚螺栓开展验收；验收不合格，未整改并重新验收合格即投入使用。

24 未按照要求开展电网风险评估，未及时发布电网风险预警、落实有效的风险管控措施。

25 特高压换流站工程启动调试阶段，建设、施工、运维等单位责任界面不清晰，设备主人不明确，预试、交接、验收等环节工作未履行。

26 约时停、送电；带电作业约时停用或恢复重合闸。

27 货运索道载人。

28 超允许起重量起吊。

29 采用正装法组立超过 30m 的悬浮抱杆。

30　紧断线平移导线挂线作业未采取交替平移子导线的方式。

31 在带电设备附近作业前未计算校核安全距离；作业安全距离不够且未采取有效措施。

32 乘坐船舶或水上作业时，超载或不使用救生装备。

33 在电容性设备检修前未放电并接地，或结束后未充分放电；高压试验
变更接线或试验结束时未将升压设备的高压部分放电、短路接地。

34 擅自开启高压开关柜门、检修小窗，擅自移动绝缘挡板。

35 在带电设备周围使用钢卷尺、金属梯等禁止使用的工器具。

36 倒闸操作前不核对设备名称、编号、位置，不执行监护复诵制度或操作时漏项、跳项。

37 倒闸操作中不按规定检查设备实际位置，不确认设备操作到位情况。

38 在继电保护屏上作业时，运行设备与检修设备无明显标志隔开；在保护盘上或附近进行振动较大的工作时，未采取防止误动作的安全措施。

39　防误闭锁装置功能不完善，未按要求投入运行。

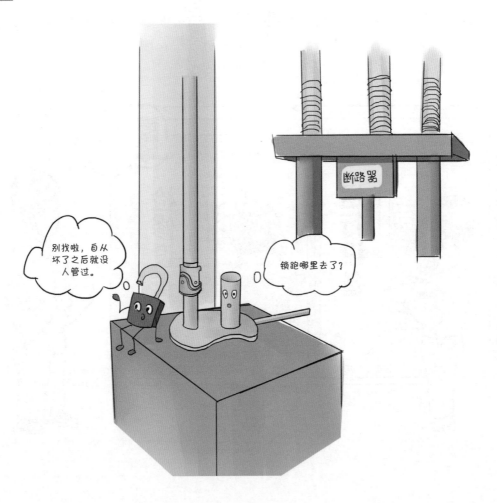

40 随意解除闭锁装置或擅自使用解锁工具（钥匙）。

41 继电保护、直流控保、稳控装置等定值计算、调试错误，误动、误碰、误（漏）接线。

42 在运行站内使用吊车、高空作业车、挖掘机等大型机械开展作业时，未经设备运维单位批准即改变施工方案规定的工作内容、工作方式等。

43 两个及以上专业、单位参与的改造、扩建、检修等综合性作业，未成立由上级单位领导任组长，相关部门、单位参加的现场作业风险管控协调组；现场作业风险管控协调组未常驻现场督导和协调风险管控工作。

44 在设备或线路上检修时未准确掌握用户自备发电机分布或电源情况；未严格执行反送电风险管控措施，未落实机械或电气联锁等防反送电的强制性技术要求。

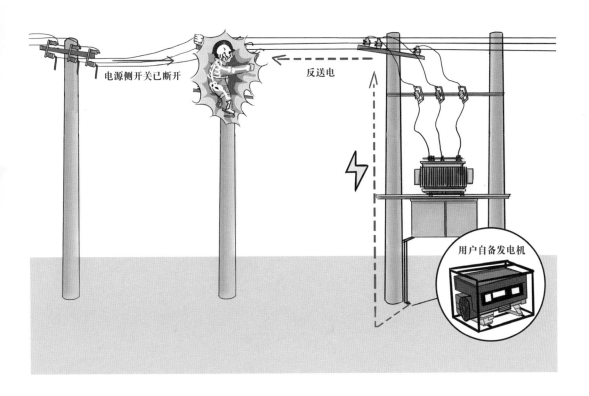

电源侧开关已断开　　反送电

用户自备发电机

Ⅲ类

人身风险

典型违章

Ⅲ类人身风险违章，主要包括安全风险高，易造成安全事故（事件）的管理和行为违章。

38条

45 跨越带电线路展放导（地）线作业，跨越架、封网等安全措施均未采取。

46 违规使用没有"一书一签"（化学品安全技术说明书、化学品安全标签）的危险化学品。

47 现场作业人员未经安全准入考试并合格；新进、转岗和离岗 3 个月以上电气作业人员，未经专门安全教育培训和考试合格即上岗。

48 不具备"三种人"资格的人员担任工作票签发人、工作负责人或许可人。

49 特种设备作业人员、特种作业人员、危险化学品从业人员未依法取得
资格证书。

50　特种设备未依法取得使用登记证书、未经定期检验或检验不合格。

51　自制施工工器具未经检测试验合格。

52 金属封闭式开关设备未按照国家、行业标准设计制造压力释放通道。

53 设备无双重名称或设备名称及编号不唯一、不正确、不清晰。

54 高压配电装置带电部分对地距离不满足且未采取措施。

55 高边坡施工未按要求设置安全防护设施；对不良地质构造的高边坡，未按设计要求采取锚喷或加固等支护措施。

56 平衡挂线时，在同一相邻耐张段的同相导线上进行其他作业。

57 未经批准，擅自将自动灭火装置、火灾自动报警装置退出运行。

58 票面（包括作业票、工作票及分票、动火票等）缺少工作负责人、工作班成员签字等关键内容。

59　重要工序、关键环节作业未按施工方案或规定程序开展作业；作业人员未经批准擅自改变已设置的安全措施。

60　货运索道超载使用。

61 作业人员擅自穿、跨越安全围栏、安全警戒线。

62 起吊或牵引过程中，受力钢丝绳周围、上下方、内角侧和起吊物下面，有人逗留或通过。

63 放线区段有跨越或平行输电线路时，导（地）线或牵引绳未采取接地措施。

64 在易燃易爆或禁火区域携带火种、使用明火或吸烟；未采取防火等安全措施在易燃物品上方进行焊接，且下方无监护人。

65 动火作业前，未将盛有或盛过易燃易爆等化学危险物品的容器、设备、管道等生产、储存装置与生产系统隔离，未清洗置换，未检测可燃气体（蒸气）含量，或可燃气体（蒸气）含量不合格即动火作业。

66 动火作业前，未清除动火现场及周围的易燃物品。

67 生产和施工场所未按规定配备消防器材或配备不合格的消防器材。

68 作业现场违规存放民用爆炸物品。

69 擅自倾倒、堆放、丢弃或遗撒危险化学品。

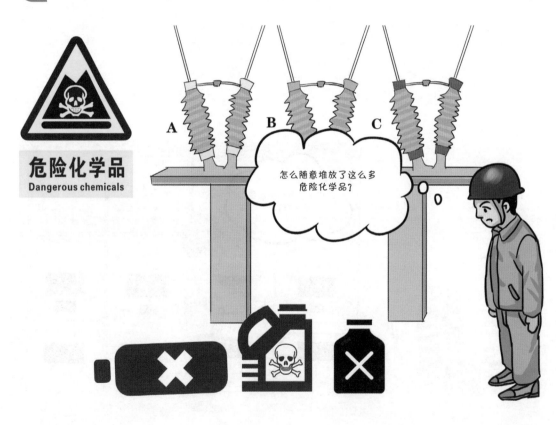

70 带负荷断、接引线。

71 电力线路设备拆除后，带电部分未处理。

72 在互感器二次回路上工作，未采取防止电流互感器二次回路开路、电压互感器二次回路短路的措施。

73 起重作业无专人指挥。

74 脚手架、跨越架未经验收合格即投入使用。

75 对"超过一定规模的危险性较大的分部分项工程"（含大修、技改等项目），未组织编制专项施工方案（含安全技术措施），未按规定论证、审核、审批、交底及现场监督实施。

76 三级及以上风险作业管理人员（含监理人员）未到岗到位进行管控。

77 施工方案由劳务分包单位编制。

78 监理单位、监理项目部、监理人员不履责。

79 高压带电作业时，未穿戴绝缘手套等绝缘防护用具；高压带电断、接引线或带电断、接空载线路时，未戴护目镜。

80 汽车式起重机作业前未支好全部支腿；支腿未按规程要求加垫木。

81　链条葫芦、手扳葫芦、吊钩式滑车等装置的吊钩和起重作业使用的吊钩无防止脱钩的保险装置。

82 绞磨、卷扬机放置不稳；锚固不可靠；受力前方有人；拉磨尾绳人员位于锚桩前面或站在绳圈内。